和妈妈玩科学

华顺发　著

U0196135

少年儿童出版社

科学对孩子而言可能有点晦涩难懂，
科学对妈妈而言可能有点难以教授。

我们想让孩子明白科学是看得懂的，是非常有意思的，
让孩子爱上科学，发自内心地想去了解，这可能吗？

**本书配备了让孩子爱上科学，
学会自发探索的方法。**

★我们提炼书中的核心知识，传授探究思路，用简明易懂的话
语来讲述科普知识，帮助孩子轻量化积累。

★我们希望孩子与妈妈之间的话题，不仅仅是今天学习了什么，
作业完成了没有，还有日常生活中发现的无数个为什么原来是这样的。

微信扫码
获取本书配套服务

目 录

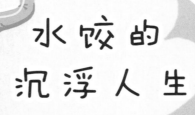

水饺的沉浮人生

材料和工具

- 水饺
- 锅
- 杯子
- 漏勺

小贴士

★ 使用速冻水饺或现包的新鲜水饺都可以。

★ 锅内的水量不要太浅，以免看不到水饺在锅内升降的情形。

2

1 请妈妈在煤气炉上煮一锅热水。

2 水滚后，请你将10个水饺小心丢入热水中。观察此时的水饺是浮在水面上，还是沉入锅底。

3 持续用中火加热这锅热水，直到水再次沸腾。此时的水饺是浮在水面上，还是沉入锅底？此时的水饺是否比刚才更大？

4 请你准备一杯冷水，对着每个水饺淋下去。此时，水饺是浮在水面上，还是沉入锅底？

5 重复实验步骤3~4，一共三次。

6 当水饺第三次浮在水面上时，请妈妈将水饺捞出，盛在盘子里，你就可以大快朵颐了。

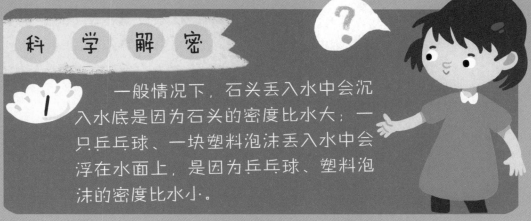

科 学 解 密

一般情况下，石头丢入水中会沉入水底是因为石头的密度比水大；一只乒乓球、一块塑料泡沫丢入水中会浮在水面上，是因为乒乓球、塑料泡沫的密度比水小。

2 刚从冰箱冷冻室取出的水饺丢入热水中会沉入锅底，也是因为此时水饺的密度比热水大。

3 水饺在锅里接受热量，慢慢地，馅里的水分汽化，但汽化出的水蒸气却无法逃出水饺皮，只能将水饺皮往外撑。当水饺皮被撑得很大时，整个水饺的体积就变大了，但水饺的重量（质量）并没有改变，因此水饺的密度就变小了。直到整个水饺的平均密度比热水密度小的时候，它就会浮出水面。

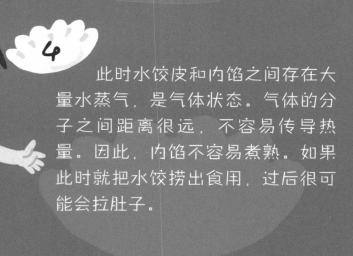

4 此时水饺皮和内馅之间存在大量水蒸气，是气体状态。气体的分子之间距离很远，不容易传导热量。因此，内馅不容易煮熟。如果此时就把水饺捞出食用，过后很可能会拉肚子。

5 水饺浮在水面上时，对水饺浇淋一些冷水，能使水饺和锅内的热水迅速降温。水饺一遇冷，水饺皮内的水蒸气立即遇冷凝结成小水滴。水饺皮和内馅之间的空间又迅速变小，此时热水很容易将热量经由水饺皮传导给内馅，这样内馅就可以持续被加热了。

6 浮上来的水饺经过三次冷水浇淋，第四次再浮起来的时候，内馅就应该被煮熟了，此时捞出水饺就可以安心食用了。

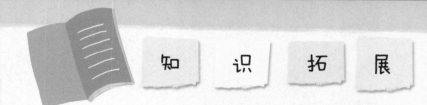

知 识 拓 展

热量传递有三种形式：传导、对流和辐射。热传导是指热量从温度高的物体传到温度低的物体。不同的物质传热能力不一样。金属的传热能力较强，纸、木头、皮革、棉花不易于传热。

酸葡萄？
甜葡萄？

材料和工具

- 一串葡萄
- 食盐
- 汤勺
- 2000毫升的大饮料瓶
- 漱口杯
- 剪刀

小贴士

★ 饮料瓶中装的自来水不可超过瓶身高度的一半，以免后续添加饱和食盐水的时候，没有空间容纳。

1 请你准备一锅自来水，妈妈用剪刀将一串葡萄从果蒂处剪下，将葡萄清洗干净，拿出30颗备用。

2 请你在漱口杯中装入七成满的自来水，在水中不断加入食盐，调配出一杯饱和食盐水。

3 请妈妈准备一个2000毫升的大饮料瓶，用美工刀在饮料瓶身上环割一圈，截去上面1/5，制成一个大容量的透明塑料杯。

切

4 在准备好的饮料瓶中装入一半自来水，把30颗葡萄全部放进去，你观察到了什么现象？

5 请妈妈用汤匙舀一匙食盐水放入饮料瓶中，你用另一个汤匙小心搅拌均匀。是否有葡萄浮起来？如果有，请你用汤匙把葡萄捞出来，按照浮起来的先后顺序，将葡萄排列在桌上。如果没有葡萄浮起来，请妈妈再加一匙食盐水，一直到30颗葡萄全部陆续浮起并被捞出来为止。

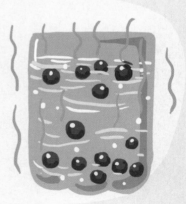

6 请你先吃第一颗浮上来的葡萄，然后吃最后一颗浮上来的葡萄。哪一颗比较甜？为什么？

1 植物进行光合作用，产生葡萄糖与氧气。光合作用的主要部位是叶子，但我们品尝各种蔬菜叶子的时候很少觉得它们有甜味，那是因为植物会把生产出的葡萄糖送到植物的其他部位贮藏起来（不同种类的植物，贮藏养分的部位和形式都不太一样）。

阳光　二氧化碳　葡萄糖　氧气

2 葡萄的叶子不甜，但果实会随着成熟而越来越甜，因为它累积了越来越多的葡萄糖。葡萄糖累积越多，果实的密度就越大。

3 把葡萄果实放入水中（水的密度约等于1克每立方厘米），葡萄果实的平均密度大于水的密度，因此全部果实都沉入水底。

4 当妈妈在水中缓慢加入饱和食盐水时，葡萄周围的水的密度就从1克每立方厘米慢慢地上升。当水的密度上升到和某颗葡萄的密度相同时，那颗葡萄就会缓慢地从水底上浮，然后悬浮在水中。水的密度不断上升，直到其密度大于那颗葡萄时，那颗葡萄就会浮到表面。

5 葡萄陆续浮出来，表明先"憋不住"而浮上来的葡萄密度比较小，相对不甜；在水底"憋"得比较久的，密度比较大，相对较甜。

知 识 拓 展

　　无论固体、液体、气体，都具有一定的密度。一个物体在液体中究竟是浮还是沉，重量不是决定因素，真正起决定作用的是物体与液体的密度差异。

1 物体的密度大于液体的密度，则物体下沉。

2 物体的密度等于液体的密度，则物体悬浮在液体中。

3 物体的密度小于液体的密度，则物体浮起来。

爱说话的瓶子

材料和工具

- 空饮料瓶1个
- 小杯子一个

1. 请妈妈把饮料瓶瓶盖取下来，在装水的小杯子内把瓶盖沾湿，将瓶盖上下颠倒放在饮料瓶瓶口上。

2. 请你用双手轻轻地抱住饮料瓶瓶身的底部。你听，饮料瓶在跟你说什么"悄悄话"呢？

3 等到饮料瓶安静不讲话时，妈妈用双手轻轻地抱住饮料瓶的上方（你的手仍然抱住饮料瓶下方）。此时，饮料瓶是不是又很聒噪地"讲话"了呢？

4 当饮料瓶不再讲话时，妈妈小心地把手放开，你也小心地把手放开，让饮料瓶保持安静5分钟。

5 5分钟后，妈妈用手抓着饮料瓶瓶盖，小心缓慢地将它垂直提起来。你看到什么神奇的现象了吗？

6 将饮料瓶装一半水，重复上述步骤1~3，你觉得饮料瓶是更爱"讲话"了，还是变得比较沉默安静了？

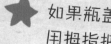

★ 如果瓶盖歪掉，将双手小心向上滑动，用拇指把瓶盖推回瓶口。

★ 这个实验在冬天进行效果更明显。

小 贴 士

1 空的饮料瓶内并不是真的空无一物，实际上里面装满了空气。

2 两只手轻轻地抱住饮料瓶瓶身，只要饮料瓶内空气的温度低于体表温度，双手就可以对饮料瓶内的空气进行加热。

3 饮料瓶内的空气被加热，气体体积就会膨胀，膨胀的气体对饮料瓶内壁每一个地方的压强都会增加。

4 将沾湿的饮料瓶瓶盖上下颠倒放在饮料瓶瓶口上，这个结构看似不是很牢靠紧密，实际上瓶盖和瓶口圆周之间被涂上了一层水。这些微量的水可以将饮料瓶内的空气完全密闭在瓶内而不会外泄出去。

5 当瓶内空气受热膨胀，向上的压强增加了，就会推动瓶盖。只要向上的推力大于瓶盖向下的重力，瓶盖就会被推开，我们就看到瓶盖在"讲话"了。

6　　当瓶盖被推开，一部分瓶内的空气外泄出去，瓶内空气向上的推力就会变小，当无法负荷瓶盖向下的重力时，饮料瓶就保持安静不"讲话"了。

7　　当双手放开饮料瓶，双手就不再对饮料瓶加热，饮料瓶内的空气会慢慢降温。气体降温，体积就会变小。此时，瓶内向上的推力，远小于瓶盖的重力。再加上瓶口少量的水的张力可以将瓶盖和瓶身粘在一起，因此将瓶盖小心地垂直向上提起时，饮料瓶瓶身就被吸起来了。

知　识　拓　展

压力与压强

旧式的中文科学教科书和一些不严谨的科普书籍中，经常将单位面积所承受的力称为压力，这是错误的，正确名称应该是压强。因为物理科学所称的力，是不包含面积因素的，而压强的定义是单位面积所承受的力的大小，若将之称为一种力，显然不符合科学定义。

蛋蛋的哀愁

材料和工具

- 鸡蛋
- 漏勺
- 锅
- 盘子

★ 第二次实验一定要用冷的自来水和生鸡蛋，水量最好是鸡蛋在锅内高度的两倍。

★ 第二次实验过程中，煤气炉火焰不要太大，以中小火为宜。

1 请妈妈在煤气炉上煮一锅热水。

2 水开后，请你将5颗鸡蛋小心地
   放入热水中。

3 10分钟后熄火。再隔10分钟，请你
   用漏勺将5颗鸡蛋从热水中捞出，放
   在盘子中，让它们自然冷却。

表面?   尖端?   钝端?

4 把锅内的热水倒掉，等锅冷却后装半
   锅冷水，并在冷水中放入5颗生鸡蛋。

5 妈妈将煤气炉点着，请你观察整个过
   程。你是否看见鸡蛋慢慢"生气"
   了？鸡蛋生气的地方在哪里？是整颗
   蛋的表面、尖端，还是钝端？

6 水沸腾后开始计时，10分钟后熄火。再隔
   10分钟，请你用漏勺将5颗鸡蛋从热水中
   捞出，放在盘子中，让它们自然冷却。

7 请你仔细比较第一次实验和第二
   次实验的蛋壳表面，几乎完整不
   破碎的是哪一组？

Egg

请你准备两个小锅，全部装八分满自来水。将实验一的其中3颗蛋倒入其中一锅冷水中冷却，将实验二的其中3颗蛋倒入另一锅冷水中冷却。请你仔细观察两组蛋壳表面，刚刚有些表面虽有裂缝，但蛋白没有外溢出来的鸡蛋，裂缝是不是变小，甚至找不到裂缝了？

请你将两组在冷水中的鸡蛋取出剥壳，再把在室温下冷却的鸡蛋剥壳。哪一组比较容易剥？

科 学 解 密

1　蛋的钝端有气室，预留了一些空气，它可以为受精卵发育提供所需的氧气。

2　将鸡蛋从室温下放入滚烫的沸水中时，气室内的气体受热膨胀太快，气体来不及慢慢泄出来，瞬间升温造成气室内气压太大，很容易将蛋壳撑破，甚至造成蛋白流出，凝固在蛋壳外。

3 将鸡蛋放入与室温差异不大的冷水中，以中小火慢慢让锅内的水升温时，气室内的气体会受热膨胀，但水温上升缓慢，所以气室内的气体膨胀也是缓慢进行的。气体有充裕的时间从钝端薄薄的蛋壳上的小孔慢慢泄出去。因此，你会看到在冷水中用中小火煮蛋时，蛋的钝端在"生气"。

4 在冷水中，鸡蛋会遇冷收缩。蛋白和蛋黄部分含水量高，收缩比较明显；蛋壳部分是固体，收缩不怎么明显。因此剥壳时，很容易将蛋壳和蛋白分离。反观在室温下缓慢冷却的鸡蛋，它的蛋壳和蛋白温差不大，蛋白收缩不明显，因此经常紧贴蛋壳而不易分离。

5 煮熟的蛋如果表面有小裂痕，放入冷水中迅速冷却时，蛋壳内部的蛋白和蛋黄部分遇冷收缩，体积会略微缩小。因此，蛋壳上的裂痕有可能会随之缩小而不易被看到。

知 识 拓 展

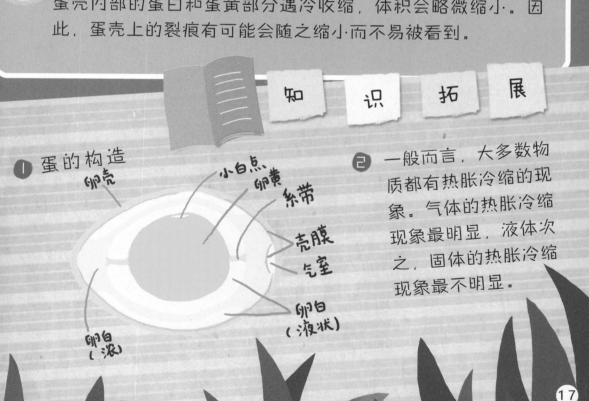

❶ 蛋的构造
卵壳
小白点
卵黄
系带
壳膜
气室
卵白（液状）
卵白（浓）

❷ 一般而言，大多数物质都有热胀冷缩的现象。气体的热胀冷缩现象最明显，液体次之，固体的热胀冷缩现象最不明显。

中式千层派

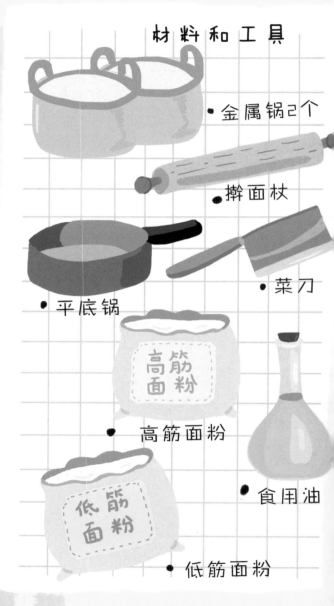

材料和工具

- 金属锅2个
- 擀面杖
- 平底锅
- 菜刀
- 高筋面粉
- 食用油
- 低筋面粉

小贴士

★ 在面粉中加水，要一点一点地添加，水不够再加。不要一次加太多。

1 请你将一碗高筋面粉倒入金属锅内，然后请妈妈帮忙加水，你将面粉揉搓成面团。

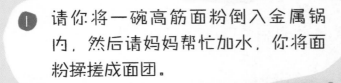

2 换妈妈将一碗低筋面粉倒入金属锅内，然后请你帮忙加水，妈妈将面粉揉搓成面团。

3 请你揉捏这两团面团。有没有什么不一样的触感和现象？

4 请妈妈分别在两团面团中加入少量食用油，并把食用油揉入面团中，混合均匀。

5 请你用擀面杖分别把这两团面团擀平，越薄越好。

6 把这两大片面饼叠合在一起，对折（对合）一次，用擀面杖擀成薄片，并多次重复此操作。

7 把面饼薄片切成四份，分别擀薄。

8 打开煤气炉，请妈妈在平底锅内加少许食用油，等油够热之后，将面饼薄片放入锅内煎成金黄色。熟透就可起锅，放在盘子内。

9 请妈妈用菜刀将煎熟的"派"对切。你从"派"的断裂面是否看到一层一层的构造？

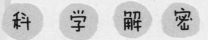

科 学 解 密

?

1 面粉中的主要成分为淀粉和蛋白质。高筋面粉、低筋面粉所谓的"筋"就是面筋。面筋属于植物性蛋白质，是谷蛋白的一种，约占面粉的8.5%~14%。面粉中的面筋含量高，就是高筋面粉，含量低就是低筋面粉。

2 高筋面粉和低筋面粉因其淀粉和蛋白质的比例不同，揉搓成面团后，面团的颜色和手感会有明显不同。

3 当高筋面皮与低筋面皮被多次重叠擀平，在平底锅内受热后，因为它们蛋白质和淀粉的比例不同，所以热膨胀的效果也不一样，我们就可以看到面皮呈现出一层一层的效果。

4 在制作过程中将食用油加入面团，可以帮助加热（煎）的过程中热量的传递，让热量快速传递进面皮内部。而且食用油的沸点远高于水，受热之后可以让面皮内的少量水分汽化成水蒸气，推开夹层，形成夹层间的空间。

知 识 拓 展

面粉中含有淀粉和蛋白质，只是这些蛋白质彼此分离。当我们在面粉中加入水，在把它揉搓成面团的过程中，蛋白质彼此之间因为水分子的水合作用，聚成了更大的蛋白质分子，即一般内眼可见的面筋，揉搓的外力更是加速了这个作用的完成。

花开富贵

材料和工具

- 脸盆
- 旧报纸
- 剪刀

小贴士

★ 使用旧报纸效果较好，全新复印纸或一般专用的折纸吸水性较差，实验结果不佳。

1 请你将旧报纸裁出约20厘米×20厘米的正方形两张，依下图分别折成两朵不同的纸花。

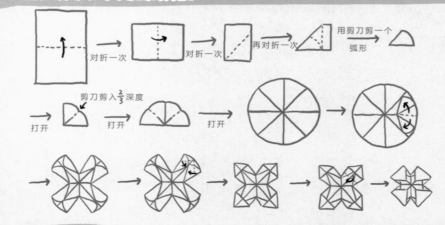

对折一次 → 对折一次 → 再对折一次 → 用剪刀剪一个弧形

打开 → 剪刀剪入 $\frac{2}{3}$ 深度 打开 → 打开

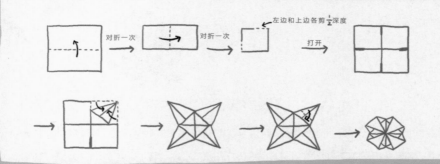

对折一次 → 对折一次 → 左边和上边各剪 $\frac{1}{2}$ 深度 → 打开

2 准备一个脸盆，装半盆水，请你将第一朵纸花小心平放在水盆中央。你看到什么现象？

3 请妈妈将刚刚那朵纸花捞出，再将第二朵纸花小心地平放在水盆中央。纸花和你的心花是不是都朵朵开？

1 　一个物体在受到外力作用时，经常发生运动速度或形状的改变（形变），或者两者同时发生。

2 　物体受到外力作用所产生的形变可能有伸长形变、压缩形变、弯曲形变、扭转形变等，而不同的物体或材料在受到外力作用时会呈现不同的抵抗变形的能力，这种能力被称为刚度。

3 　以报纸为材料，在折纸花的过程中，我们对报纸施加了一个外力，使报纸改变了原来的形状，而报纸本身也具有一定的刚度，以减少外力对它的形变，或者尽量使报纸本身恢复原状。

4 　报纸是由许多纤维构成的，纤维之间存在许多缝隙。当报纸碰到水，水分子在报纸纤维间呈现毛细现象，水分子逐渐上升。

5 水分子与报纸的折叠处呈现出水分子和
报纸的附着力，如下图所示：

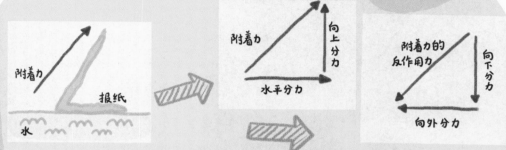

附着力可使水分子向上爬升，但相对地，附
着力的反作用力会使报纸被水分子向下拉扯。这
一反作用力使报纸在折叠处被向下拉平。因此，
在水分子的拉扯下报纸就"开花了"。

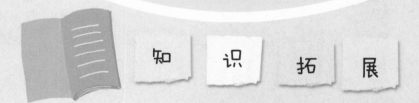

知　识　拓　展

刚度是指材料或结构在受力时抵抗弹性变形的能力，
它是材料或结构弹性变形难易程度的标志。在宏观弹性范围
内，刚度是零件荷载与位移成正比的比例系数，它的倒数称
为柔度。刚度与物体的材料性质、几何形状、边界支持情况
以及外力作用形式有关。在自然界，动物和植物都需要有足
够的刚度以维持其外形。

硬币不见了

小贴士

⭐ 硬币要放在距离桌边至少50厘米。

材料和工具

- 透明玻璃杯2个
- 硬币一枚

1. 请你将一枚硬币放在桌上，距离桌子边缘约50厘米，然后将硬币用一个透明的玻璃杯压住。

2. 请你坐在桌边椅子上，注意看着杯子下方的硬币。妈妈拿另一个杯子装满水，慢慢地往透明玻璃杯中倒水。当玻璃杯内装了半杯水的时候，你发现了什么？

1 　　当硬币放在一个空的透明玻璃杯下方，我们可以轻易看到硬币，但是当玻璃杯装了半杯水的时候，我们为什么看不到硬币了呢？

2 　　我们平时看东西的时候，眼睛和物品之间存在空气。我们可以看见物品是因为可见光照射在物品上，这个物品反射了可见光，再经由空气进入我们的眼睛，所以我们能看到物品的存在。

3 　　如果眼睛和物品之间隔了一个透明的物体，虽然物品上同样有反射出来的可见光，但光线在进入我们眼睛之前会先经过这个透明的物体。这个透明的物体会使光线"转弯"，即让光线偏折，这使得我们原先可以看到物品的角度，变得看不见物品了。

4　不同材质的透明物体让光线偏折的能力不同，我们将这种让光线偏折的能力称为折射率。日常生活中，我们把空气的折射率定为1.00，则水的折射率为1.33，玻璃约为1.55，钻石的折射率为2.42左右。

　　因为钻石的折射率很大，所以佩戴钻石时，某个角度照射进入钻石的光线会以更大的角度折射出来，营造出光彩绚丽的感觉，所以钻石成为人们喜爱佩戴的装饰品。

5　因为水的折射率不小，因此我们站在河岸边看着河底的石头时，常会误以为河水很浅。如果因为误判而贸然跳入水中，往往会因为没有心理准备而慌了手脚，甚至溺水。因此在水域活动、游玩时，一定要格外小心——水会让光线转弯，欺骗我们的眼睛。

1 折射率

　　光从第一介质射至第二介质时，其入射角 θ_1 与折射角 θ_2 的正弦比值是一个确定值，这个确定值就定义为折射率，即

$$\frac{\sin\theta_1}{\sin\theta_2} = n$$

2 折射定律

　　折射第一定律：入射线、法线与折射线在同一平面上，且入射线与折射线各在法线两侧。

　　折射第二定律：又称为斯奈尔定律，入射角的正弦值与折射角的正弦值的比值为一定值。

3 常见物质的折射率

物质	空气	水	酒精	冰	钻石	玻璃
折射率	1.000	1.333	1.362	1.309～1.313	2.417	1.55

隔空展气功

材料和工具

吹风机

空饮料瓶（圆柱体）

打火机

蜡烛

奶粉罐（圆柱体，直径约20厘米）

小贴士

如果肺活量不够大，可以改用吹风机，调节吹风机的出风强度和障碍物的摆放位置，可以看见火焰改变飘动方向。

1 请你将一个近似圆柱体的饮料瓶装满水，直立在桌面上。在饮料瓶后方距饮料瓶约5厘米处，点一根蜡烛

2 请你站在饮料瓶前方，隔着饮料瓶对准蜡烛用力吹气，蜡烛火焰会被吹熄吗？

3 移动饮料瓶，让饮料瓶距离蜡烛10厘米，隔着饮料瓶对准蜡烛用力吹气，蜡烛火焰被吹熄了吗？

4 同样让饮料瓶距离蜡烛10厘米，换妈妈对准蜡烛吹气，烛火被吹熄了吗？

5 将饮料瓶换成直径约20厘米的奶粉罐，让奶粉罐距离蜡烛5厘米，用力吹气，你将烛火吹熄了吗？

科 学 解 密

1 液体和气体合称流体，流体在流动过程中遇到障碍物，就会改变前进方向。圆柱体外形的饮料瓶和奶粉罐虽然挡在蜡烛的前方，但其圆柱体的外形使气流顺着圆柱体外围"迂回前进"，并在圆柱体后方汇合。

2 流体流经障碍物后，会出现回流现象。流体的流动速度越快，回流区的范围就越大。

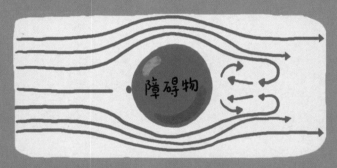

障碍物

3 流体流经障碍物后，蜡烛依然会受到气流流动的影响。如果蜡烛在回流区内，我们就会看到火焰向着障碍物的方向飘动，也就是和气流的主要流动方向相反的方向，这是流体的回流现象造成的。

4 你和蜡烛之间隔着一个障碍物，看似不太可能将蜡烛吹熄，但是这个障碍物（饮料瓶或奶粉罐）的外形是圆柱体，很容易让气流"迂回前进"，然后在圆柱体后方汇合。只要吹气的力道（即气流的流速）、障碍物和蜡烛之间距离适当，蜡烛很容易就会被吹熄。

1. 流体随着流速的改变会出现不同的流动状态。

（1）当流速很小时，流体分层流动，不同层的流体互不混合，称为层流或片流。

（2）逐渐增加流速，流体的流线开始出现波浪状摆动，摆动的频率及振幅随流速的增加而增加，此种流况称为过渡流。

（3）当流速增加到很大时，流线不再清晰可辨，流场中有许多小漩涡，称为乱流，又称为湍流、扰流或紊流。

2. 汽车高速行进时，空气从车头、车身到车尾的流动过程中，会因伯努利定理而造成车身和车尾有一个向上扬升的力。如果车尾的升力比车头的升力大，容易导致车子后轮抓地力减小、高速稳定性差，从而造成车头转向过多。为了减少车尾向上扬升的力，高速竞驶的赛车经常在车尾上方加装一块扰流板，又称为汽车尾翼。它可减少车辆尾部的向上升力。另外，飞机机翼也有扰流板，它可辅助操纵系统提供起飞、着陆的增升动力和增加在地面或飞行中的空气阻力，改善飞机的操纵性能。

自制喷雾器

材料和工具

- 一般吸管（直径8~10毫米）
- 可弯式吸管（直径5~7毫米）
- 剪刀
- 美工刀
- 小水杯

小贴士

套在内层的可弯式吸管以透明或浅色为佳，这样比较容易观察到吸管内水面的升降情况。套在外层的吸管，颜色不拘。

1

请你将一支可弯式吸管从较长的一端剪下长约8厘米。

2 将一支直径比可弯式吸管稍粗一些的一般吸管，剪下长约10厘米的一段。在这支吸管的中央，用美工刀割出一个小孔，再将可弯式吸管较短的一端从小孔插入。

吹气
➡

3 将这个组合吸管的可弯式吸管部分插入小水杯中，使劲吹气。你看到什么现象？

4 换妈妈重复刚才吹气的动作，但吹气力道变小。请你仔细观察可弯式吸管插入水中的那段吸管内的水面变化。水面高低和吹气力道的大小是否有关？

1 18世纪时，瑞士流体物理学家伯努利曾做过一个实验：在一个一端粗、一端细的玻璃管下方连接一个U形玻璃管，在U形管内装少量的水（如下图）。

U形管内的水会因为连通器原理而两边水面高度相同。但当这个一端粗、一端细的管内有气流流动时，流经较细的玻璃管的气流流速会变快，从而导致细玻璃管下方的U形管内的水面上升，而粗玻璃管下方的U形管内的水面下降。他据此推导出了著名的伯努利定理。

2 伯努利定理说明：在气流或水流里，如果流速快，那么压强就小；如果流速慢，那么压强就大。

3 当你将做好的组合式吸管插入水杯中用力吹气时，因吸管内气流变快，插入水杯的吸管内空气压强变小，而吸管外水面上方空气的压强并未改变，因此水就被压入吸管内。

4 被水杯上方的外部空气压强压入吸管内的水到达出口时，正好被冲出来的气流带到吸管外，水流碎裂成小水滴，就以喷雾的形式喷洒而出。

只要控制吹气的力道，你就可以观察到吸管内的水面高度变化，即吹得越用力，气流流速越快，吸管内的气体压强就越小，水面上升的高度就越高。

知 识 拓 展

1 丹尼尔·伯努利在1726年提出的伯努利定理只适用于不存在摩擦阻力的理想流体。

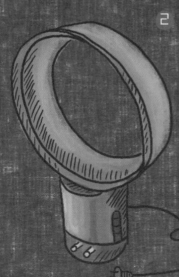

2 飞机能够飞上天是因为机翼受到向上的升力。飞机飞行时，机翼周围空气的流线分布是由机翼横截面的形状决定的，上下不对称。机翼上方的流线密，流速快；下方的流线疏，流速慢。由伯努利定理可知，机翼上方的压强小，下方的压强大。这样就产生了作用在机翼上的向上的升力。另外，无叶片风扇也是伯努利定理在生活中的应用。

煮不干的水

材料和工具

- 平底锅 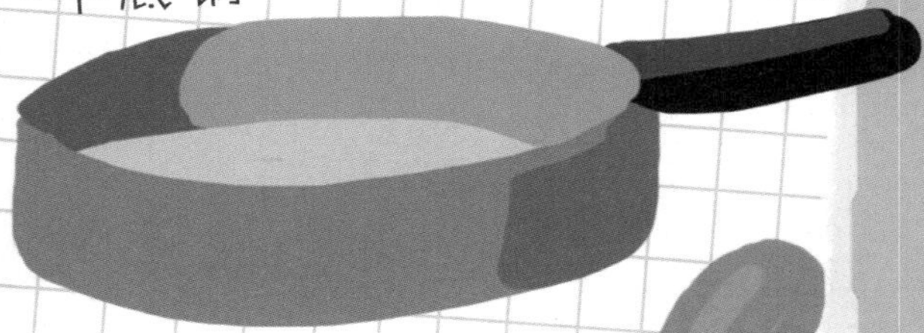
- 滴管 
- 手表

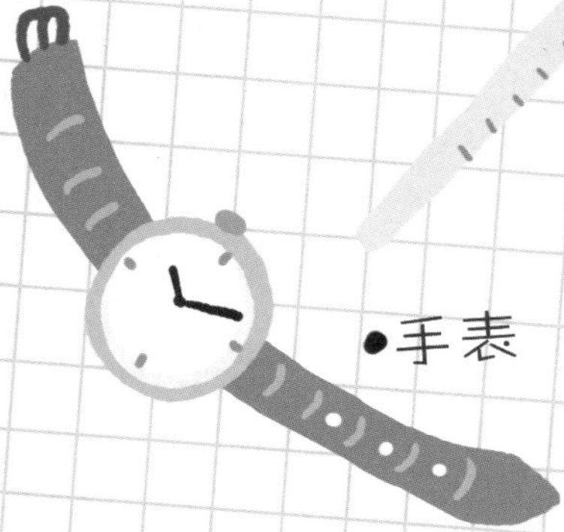

1 请妈妈把平底锅放在煤气炉上，你用塑料滴管在锅内滴1滴水，妈妈将炉火点着，你们一起观察锅内那滴水的状况（水如果煮干，立即熄火）。

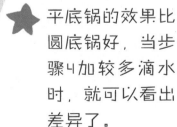

小贴士

★ 平底锅的效果比圆底锅好，当步骤4加较多滴水时，就可以看出差异了。

❷ 请你用滴管在锅内滴3滴水，重复上面的步骤，你们一起观察锅内的水滴的状况（水如果煮干，立即熄火）。

❸ 请妈妈在干的平底锅下点着炉火，你计时1分钟。1分钟后，你在平底锅内滴上1滴水，你们一起观察那滴水的状况。有什么现象发生？

❹ 等那滴水慢慢干掉之后（此时不熄火），请妈妈用滴管慢慢地一滴一滴地加水，让这颗水珠长大。大约10滴水后，不再加水，你们一起观察那颗水珠的状况。

❺ 观察约1分钟后，请妈妈将炉火关掉，你们继续观察那颗水珠的状况。你发现了什么现象？

1 水被加热后，吸收了热量，温度就会升高。但是，只要到达沸点，水就会把它额外获得的热量用在自身的汽化上，温度几乎不再上升，所以我们会看到水煮干了。

2 但是在步骤3中，先把平底锅预热，为什么结果会不一样？为什么看似只有一小滴水，竟然可以煮很久而不会立即干掉？这是因为在预热之后的平底锅内滴上一滴水，这滴水会有局部立即吸收热量而汽化。汽化出来的水蒸气会将水滴向上托起——从微观层面来说，这滴水相当于"悬浮"在平底锅内，并未直接碰触锅底。因此它不会不断快速吸收热量而汽化，而最先汽化出来的水蒸气隔开了锅底和水滴。

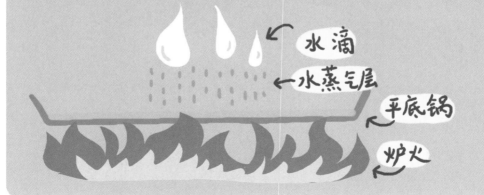

水滴

水蒸气层

平底锅

炉火

3 　绝大多数气体的热传导能力都很差，因此平底锅虽然很烫，但不容易将热量传递给水滴，水滴获得热量的速率大幅下降，因此我们看见水滴在热锅内存在了很久。

4 　在步骤5中，妈妈把炉火关熄，金属锅没有了持续的热量供应，其本身温度会渐渐下降。当然，隔开锅底和水滴的那层水蒸气层温度也会下降。气体的热胀冷缩现象非常明显，当水蒸气层温度下降，它的体积和厚度也跟着减小。当无法撑住它上面的水滴的重量时，水滴就不再"悬浮"，会碰到锅底。此时平底锅可以迅速地将热量传递给水滴，使水滴瞬间蒸发掉。

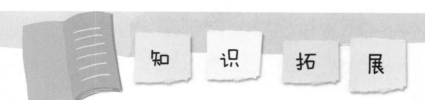

知 识 拓 展

常见物质的导热系数［单位：瓦／（米·开）］

银	429	铁	80	水	0.54
铜	401	冰	2.22	木头	0.14~0.17
铝	237	玻璃	0.52~1.01	空气	0.024

不相上下？
轻重立判！

材料和工具

磅秤

剪刀

缝衣线

笔

旧报纸2张

胡萝卜

菜刀

小贴士

★ 报纸摊开是长方形的，从边长较长的边开始卷，使卷好的笔状物的长度是最长的，这样效果最明显。

★ 胡萝卜选用一端粗、一端细的，效果较显著。

1 请你将两张旧报纸叠合在一起，卷成笔状的圆柱体。

2 用一根缝衣线在卷好的报纸笔状物中间绑上一个活结，提起这份笔状报纸，调整活结的位置，直到报纸水平平衡为止。

3 在报纸上绑活结的位置用笔画一圈记号，这圈记号把报纸分成两段，用笔在报纸上写上A和B加以区分。

4 将报纸用剪刀从那圈记号处剪断，将A段和B段分别称重。哪一段比较重？还是两段一样重？为什么？

5 请妈妈用缝衣线在一根胡萝卜的中间绑一个活结，提起胡萝卜，调整活结位置，直到胡萝卜平衡为止。

6 请妈妈用菜刀在胡萝卜上绑活结的位置切下去，使胡萝卜一分为二，一段为粗端，一段为细端。

7 请你将两段胡萝卜分别称重。哪一段比较重？还是两段一样重？为什么？

科 学 解 密

1 一个均匀材质的圆柱体，其重心位于圆柱体的正中心。当用细线将圆柱体水平吊起，细线与圆柱体的交界处正好通过圆柱体的重心，因此可将圆柱体水平上举。

2 将均匀材质的圆柱体从重心处一分为二，因其材质均匀且外形对称，所以分开的两部分重量是相同的。

3 用细线将胡萝卜水平提起时，细线与胡萝卜的交界处也经过胡萝卜的重心。胡萝卜虽是均匀材质，但水平放置时左右不对称，细线绑住胡萝卜的地方是一个支点。支点的一端为粗端，另一端为细端。粗端距支点较近，细端距支点较远。

4 物体绕着支点转动的物理量，我们称之为力矩（力的矩形），它的定义是：

力矩 = 力的大小·×·力臂长度

杠杆上的合力矩等于零，所以

动力大小·×·动力臂的长度 = 阻力大小·×·阻力臂的长度

5 　胡萝卜的粗端距支点较近，因此粗端的力臂较短，粗端向下的动力（即重力，也就是重量）就较大。反之，胡萝卜的细端距支点较远，细端的力臂较长，细端向下的动力就较小。所以，当细线将整根胡萝卜水平提起时，虽然胡萝卜水平平衡，但两端的重量并不相同。

知　识　拓　展

　　杠杆根据支点、阻力点、动力点三者的相关位置，可以分为三种：

1 支点在中间
　　可改变力的作用方向，但不一定省力，也不一定省距离。
　　如跷跷板、剪刀、天平、钳子、中国杆秤、定滑轮。

2 阻力点在中间
　　动力臂比阻力臂长，因此可以省力，但比较费距离。
　　如开瓶器、核桃钳、扳手、动滑轮。

3 动力点在中间
　　动力臂比阻力臂短，因此比较费力，但可以省距离。
　　如镊子、面包夹、扫帚、球棒、筷子、钓竿。

水中摇曳的乒乓球

材料和工具

- 2个杯子
- 吸管 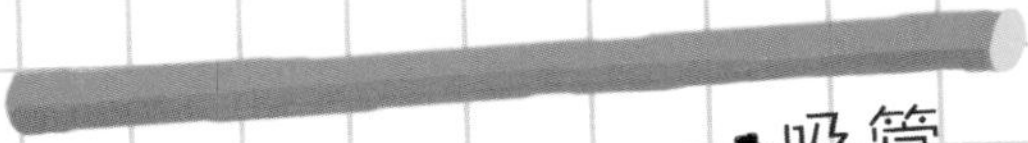
- 1只乒乓球 

小贴士

⭐ 杯子要圆柱形，杯口直径不要太大，最好小于8厘米。

⭐ 实验场所不可以开电扇，要减少空气流动造成的干扰。

1. 请你将直径约8厘米的圆柱形茶杯装九成满的水，在桌上静置3分钟，让水不再晃动。

2. 请你拿起乒乓球，小心缓慢地放在杯子内水面中心（杯口圆心处）。你看到什么现象？

3 换妈妈拿起水面的乒乓球，再一次缓慢小心地放在杯子内水面中心。你是否发现和刚刚一样的现象？

4 用另一个杯子装一杯水，吸管插入水杯中，请妈妈用食指盖住吸管口，小心地用吸管取水放到装有乒乓球的水杯中，一直到这个装有乒乓球的水杯的水面呈鼓鼓的圆弧状，高过水杯边缘为止。你发现了什么现象？

科 学 解 密

1 液体内部的每个分子都受到邻近分子的吸引力和排斥力，其受到的吸引力和排斥力的合力为零。但在液体和气体的接触面上的液体分子在各个方向受到的引力是不均衡的，液体分子上方的气体分子其吸引力和排斥力都很微弱，这就造成表层的液体分子受到指向液体内部的吸引力，并且有一些分子被"拉"到液体内部（即液体的内聚力）。因此，液体会有缩小表面积的趋势，这种现象称为表面张力现象。

液体表层

液体内部

2 　　细管状物体内部的液体分子的内聚力与液体和物体间的附着力的差异，造成液体分子可以抗拒地心引力而上升，这种现象称为毛细现象。当液体和固体（管壁）之间的附着力大于液体本身的内聚力时，就会产生毛细现象。管壁对水的附着力会使液面四周比中央稍微高出一些。

3 　　水杯装水，在没有全满的情况下，水面和容器接触的部分会稍微高一些，此时，乒乓球接触水的部分靠近容器的一侧多了附着力。这个附着力类似于毛细现象，带领液体分子向上。在乒乓球底部，此附着力斜向上施力，在水平朝向器壁的方向，有一个合力拉着乒乓球靠近器壁。每次将乒乓球拿起，重新放置在水面中心，你都会观察到乒乓球向器壁移动。而且，越靠近器壁，乒乓球的移动越快。

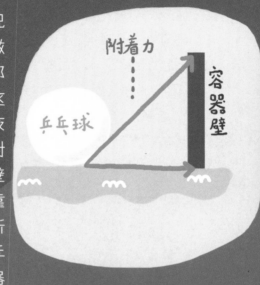

附着力

容器壁

乒乓球

4 　　当妈妈把水杯的水逐渐加满，一直到水面高出水杯边缘时，水面因水分子的内聚力出现表面张力现象。此时，水面的任何一个水分子的合力都是向下的，乒乓球失去了向容器边缘靠近的拉力（附着力）。水面水分子排斥力的平衡结果是水杯中的水面圆心　　　　　成为力的平衡最佳点。因此，乒乓球被　　　　　　　　　　"推"到了水面中心。

❶ 表面张力在生活中的例子很多，诸如水滴形成圆球状、荷叶上水珠形成圆球状、针会浮在水面、水黾可在水面上行走、剃须刀片可以浮在水面上、铝质或镍质的钱币可以浮在水面上等。在表面张力高的情况下，水不易浸湿物体，还可能会从物体表面反弹。洗衣粉的作用之一就是降低水的表面张力。

❷ 植物根部吸收水分，可以将其送达离地面四五十米高的枝条末端的叶部细胞，这是因为叶子表面的气孔不断进行蒸散作用，水分子以气体的形式离开叶子表面。但水分子在变成气体之前是液体，在植物茎的维管束内水分子因毛细现象而上升，最后到达植物顶端叶子表面的气孔。植物根部的水分子和根部周围土壤中的水分子也呈现毛细现象，因此水分可以克服地心引力由地下逆势向上，被植物根部所吸收。

❸ 毛细现象在生活中的应用有毛笔、水彩笔、干毛巾擦头发、衣服吸汗水、干抹布擦湿桌面、拖把拖地、旧报纸塞入湿鞋子内吸水、酒精灯与蜡烛的棉芯等。

表面张力　　　毛细现象

水银　　　水

神灯

材料和工具

- 防水胶带
- 手电筒用小灯泡
- 干电池
- 电线2根
- 瓦楞纸
- 电磁炉

小贴士

⭐ 60厘米长的电线，选用内部是单一铜线的单芯线，且粗一些、较硬的电线效果更好。

⭐ 一般较柔软的电线也可以替代，但需将电线用胶带缠绕在直径20厘米的圆形塑料盖子上。

⭐ 不可使用金属制的盖子，因为金属会产生屏蔽作用，影响实验结果。

1 请你将手电筒的小灯泡和干电池拆下来备用。

2 请妈妈准备两根电线，其中一根长约60厘米，另一根长约15厘米。用包裹电线专用的防水胶带分别粘贴在小灯泡的侧面和底部金属部分。如右图。

3 请你将灯泡两极的电线分别接上干电池的正负两极，灯泡是否发亮？

4 请妈妈把连接灯泡的那根较短的电线拆除，把较长的那根电线折成圆环状。电线一端接灯泡其中一极，另一端接灯泡另一极。此时灯泡会发亮吗？为什么？

5 请妈妈把圆环状电线和灯泡的组合放在瓦楞纸上，手拿着瓦楞纸，放在电磁炉的上方，启动电磁炉开关。灯泡会发亮吗？为什么？

科 学 解 密

1 灯泡要发亮，必须要有电流流动。将灯泡两极的电线分别接上干电池的正负极，灯泡自然就会发光。

2 将一根电线的两端分别接上灯泡的两极，使这个装置成为封闭回路，但因为没有电源供应，电线内没有电流流动，所以灯泡不会发光。

3 但将此无电源供应的封闭回路放在电磁炉上，神奇的事情发生了——灯泡竟然亮起来了。在无电源供应的情况下，电流是从哪来的？

4　　电磁炉不用炉火却可以煮熟食物，有个很重要的前提是锅具用的是铁磁性金属。电磁炉启动后，内部的铜制线圈会产生交流磁场，交流磁场会使铁磁性锅具因电磁感应而产生电流，此电流在器皿内部因电阻而转变成热能，进而给锅内的食物加热。

5　　电磁炉的电磁感应使无电源供应的封闭回路内部形成电流，因此小灯泡就神奇地亮起来了。

知 识 拓 展

一般的手电筒的电池与电路有正负极之分，传统的钨丝灯泡则没有正负极之分，灯泡的侧边金属导体和灯泡下方的电极接头被绝缘体分开，分别为两极，不论谁接正极谁接负极都可以让灯泡发亮。

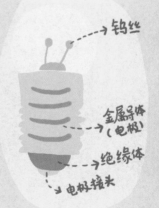

钨丝

金属导体（电极）

绝缘体

电极接头

餐桌上的跷跷板

材料和工具

牙签

玻璃杯（或瓷杯）

打火机

金属叉子2把

请你将两把铁叉子以类似双手握拳的方式交叉、卡紧。

小贴士

★ 金属叉子重量较重，较易成功。塑料叉子重量太轻，不易成功。

★ 如果只有一把金属叉子，另一把可用金属汤匙替代。

1

这是一个三维空间的平衡关系。两把铁叉子、一支牙签、一个玻璃杯建构成一个平衡系统后，如果从正上方俯视，我们会看到步骤2中的平衡现象。

2 在两把铁叉子的交叉处插入一支竹制牙签，小心地从牙签处提起。若两把铁叉子可同时被提起，则将牙签移置到玻璃杯（或瓷杯）边缘，调整牙签的位置，使整个装置可以"立"在玻璃杯边缘。如右图。

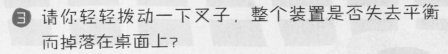

3 请你轻轻拨动一下叉子，整个装置是否失去平衡而掉落在桌面上？

4 请妈妈用打火机点燃玻璃杯内侧的牙签。整支牙签是否被烧光？铁叉子是否掉落在桌面上？为什么？

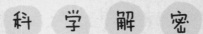

科 学 解 密

2

在俯视图中牙签和杯子交点的连线上，整个系统被分成左半部分和右半部分。左边叉子的重心到牙签与玻璃杯交点的距离，就是左叉子的力臂长。这段力臂长乘以左叉子的重量，就是左叉子的力矩。它的大小正好和右边叉子的力矩相同。因此整个系统不会向左滑落，也不会向右滑落。

3 在俯视图中，若将左叉子重心和右叉子重心的连线和牙签的交点设为E点，那么这个系统就可以简化为B－E－A的杠杆：E为支点，BE为动力臂，EA为阻力臂，动力矩和阻力矩正好平衡在支点E处。因此，整个系统不会往左倾斜掉落，也不会往右倾斜掉落。

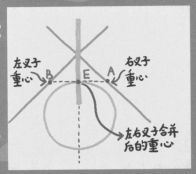

4 实际上，整个系统的重心落在E点（牙签在杯缘处）指向地心的铅垂线上，重量在E点被"撑住"，所以它可以保持平衡而不掉落在桌面上。

5 当用打火机点燃玻璃杯内侧的牙签，牙签不会全部烧掉，而是烧到和玻璃杯的交界处就自然熄灭。这是因为玻璃的热传导效果很好，它可以将牙签燃烧的热量迅速传导出来。这就导致牙签上的热量供应不足，无法继续燃烧，因此就熄灭了。

6 虽然玻璃杯内侧部分的牙签被烧掉，但因为整个力矩系统中重力的提供者主要是金属叉子。玻璃杯内侧那段牙签的重量对整个力矩系统的影响微乎其微，无足轻重。因此，即使玻璃杯内侧的牙签被烧掉，系统还是平衡稳定的。

知 识 拓 展

1. 杠杆是可以绕着支点旋转的硬棒，杠杆内部的固定点称为支点，而杠杆只能绕着这个固定点做旋转运动，无法做平移运动。

2. 使杠杆旋转的力叫动力，是输入力，动力作用于杠杆的位置叫动力点。阻碍杠杆旋转的力叫做阻力，是输出力，阻力作用于杠杆的位置叫做阻力点。从支点到动力作用线的垂直距离叫动力臂，从支点到阻力作用线的垂直距离叫阻力臂。

3. 理想杠杆不会消耗能量，也不会储存能量，也就是说，支点与杠杆之间不会有任何能量摩擦损耗。

4. 理想杠杆的输入功率等于杠杆的输出功率。也就是说，输出力与输入力之间的比率，等于这两个作用力分别与支点之间垂直距离的反比率，这个等式就被称为杠杆原理。

即：

$$\frac{输出力（阻力）}{输入力（动力）} = \frac{动力臂长度}{阻力臂长度}$$

一般写成数学关系式为：

<table>
<tr><td>左端</td><td>右端</td></tr>
</table>

动力臂长度 × 动力 = 阻力臂长度 × 阻力

牛奶变酸了

材料和工具

· 咖啡滤纸

· 2升饮料瓶一个

· 鲜奶2升

牛奶

酸奶菌粉

· 滴管

· 保鲜膜

· 酸奶菌粉

小贴士

★ 进行室温发酵的时间内，不要晃动牛奶瓶，不可打开瓶盖。

① 请你把鲜奶盖子打开，添加一包菌粉。盖紧瓶盖后，上下缓慢摇半分钟。

② 在纸上记下现在的日期和时间，将这张纸和加了菌粉的牛奶放在一个太阳不会直射的干净场所，进行室温发酵（夏天约20小时，冬天约40小时），直到牛奶呈布丁状，停止反应。

③ 发酵后，将发酵乳放在冰箱冷藏室2小时后取出，倒一些在杯子内，先用鼻子闻一闻，再用嘴巴尝尝看，什么味道？什么感觉？牛奶怎么会变成这样？

④ 请妈妈将2升饮料瓶如图示切开，将上半截倒立在饮料瓶身内，呈漏斗状，然后将咖啡滤纸放在"漏斗"内，在咖啡滤纸内倒入发酵好的酸奶。在"漏斗"上覆盖一层保鲜膜，然后将饮料瓶放到冰箱冷藏室，冷藏一个晚上。

切

⑤ 第二天，请妈妈将饮料瓶从冰箱冷藏室中取出。你有没有发现饮料瓶里有清澈的淡黄色液体？

科 学 解 密

1 牛奶中含有酪蛋白，微生物会利用牛奶中的养分生长、繁殖。在生长过程中，这些微生物也会"便便"——以扩散的方式，将其生长、代谢的产物扩散到细胞外，也就是牛奶中。这些微生物的"便便"，主要成分就是乳酸。

2 乳酸是酸性物质，闻起来有酸味。它会使牛奶中的酪蛋白变得不溶解而结块。随着发酵时间增长，微生物代谢产生的乳酸也会增多，牛奶就慢慢变成了布丁状，这就是酸奶。

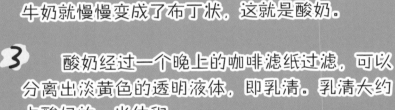

3 酸奶经过一个晚上的咖啡滤纸过滤，可以分离出淡黄色的透明液体，即乳清。乳清大约占酸奶的一半体积。

4 咖啡滤纸内的白色半固体状物质是可以食用的酸奶。酸奶富含蛋白质，营养丰富。

1 制造酸奶的常见微生物有乳酸菌和酵母菌，乳酸菌是细菌，而酵母菌是真菌。

2 一般市售的酸奶为了降低酸性、提升口感，让大多数人易于接受，会将发酵好的酸奶做如下加工：

（1）加水稀释，这样可降低酸度。

（2）加糖混合，以欺骗味蕾，让舌头不易感受到酸味。

（3）添加人工或天然香料和色素，如草莓口味。

3 虽然酸奶中的乳酸菌可增进肠道功能，但多数市售酸奶添加了糖和香料，吃多了容易增加身体负担，甚至越吃越胖，所以挑选酸奶时要仔细查看其成分标示。

无蛋蛋花汤

材料和工具

醋

白醋

苏打粉

苏打粉

吸管

果汁奶粉

筷子

果汁奶粉（或果汁牛奶）

小贴士

★ 在苏打溶液和白醋中各放一根吸管，两根吸管不可互混。

★ 添加苏打溶液越慢越好，用筷子搅拌混合果汁牛奶越快越好。

1 请妈妈用一汤匙苏打粉和半杯水调配出苏打溶液，再在另外一个干净的杯子中倒入约50毫升食用白醋。

2 请你用另一个干净的杯子装半杯自来水，在水中加入两匙果汁奶粉，用筷子缓慢搅拌，调配出一杯果汁牛奶（生水调配的，不可以喝）。

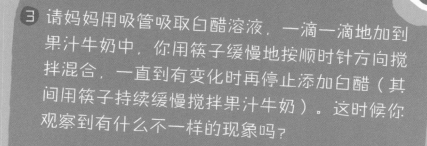

3 请妈妈用吸管吸取白醋溶液，一滴一滴地加到果汁牛奶中，你用筷子缓慢地按顺时针方向搅拌混合，一直到有变化时再停止添加白醋（其间用筷子持续缓慢搅拌果汁牛奶）。这时候你观察到有什么不一样的现象吗？

4 换妈妈用筷子快速地搅拌果汁牛奶，请你用另一支吸管吸取苏打溶液，一滴一滴地加到果汁牛奶中。是不是又有不一样的现象产生？

5 妈妈继续用筷子快速搅拌果汁牛奶，请你持续添加苏打溶液。你发现又有什么不一样的现象产生了吗？

6 换你用筷子快速搅拌果汁牛奶，妈妈用吸管吸取白醋一滴一滴地加到果汁中，又有什么现象产生？

科 学 解 密

1 果汁牛奶中既有含蛋白质的牛奶，也有果汁的成分。常见的添加在果汁牛奶中的果汁有苹果、菠萝、柳橙等。

2 牛奶中的蛋白质主要是酪蛋白，这是一种水溶性动物蛋白质。酪蛋白遇到醋会凝结成不溶解的固体，变成小颗粒或小块状。因为果汁是黄色的，所以乍看之下好像蛋花汤一样。

3 在这杯"蛋花汤"中添加苏打溶液。因为苏打溶液是碱性的，会和酸性的白醋中和，从而抵消掉酸的成分，因此本来结块的蛋白质又溶解了。"蛋花汤"从酸性慢慢转变成中性的果汁牛奶。

4 添加更多的苏打溶液，果汁牛奶就会慢慢地从中性变成碱性。在碱性环境下，果汁牛奶中的果汁成分就呈现出木瓜牛奶的橙黄色。

5 在碱性的木瓜牛奶中添加白醋，果汁牛奶同样会因中和反应抵消掉碱的成分而慢慢转变成中性，溶液又会由木瓜牛奶的橙黄色慢慢恢复原本果汁牛奶的黄色。

知　　识　　拓　　展

1 萃取自植物的果汁中包含有花青素。花青素不只存在于花朵中，植物各器官的细胞中的液泡内都含有花青素。花青素是水溶性色素，可使植物细胞呈现不同的颜色。

2 花青素在不同的酸碱值情况下会呈现不同的颜色。

无壳蛋

材料和工具

• 白醋

• 杯子

• 鸡蛋

• 透明指甲油（或油性笔）

小贴士

★ 厨房食用醋虽是酸性，但很安全，可以直接用手触摸。

1. 请你在杯子里小心地放入一颗鸡蛋，将厨房用的白醋缓缓地倒在杯子内，直到刚好可以没过鸡蛋。

2. 一天之后，请你将蛋从杯子中小心取出，打开水龙头，以很小量的水帮鸡蛋"洗澡"。一边帮鸡蛋"洗澡"，一边翻身，直到鸡蛋表面的蛋壳都搓掉为止。

3. 若有蛋壳不易去除，则把杯子内的醋倒掉，把洗过澡的蛋放入，倒入新的醋，再浸泡一天，隔天取出再帮鸡蛋洗一次澡，就大功告成了。

4. 再取一颗新鲜完整的鸡蛋，请妈妈用透明指甲油在蛋壳上画一颗心，等指甲油充分干燥后，把这颗鸡蛋放入杯中，倒入白醋，重复上述步骤1~2次。

5. 一天后，你发现了什么？

1 鸡蛋蛋壳的成分中最主要的是碳酸钙($CaCO_3$），约占95％；其次是少量的碳酸镁（$MgCO_3$）和磷酸钙[$Ca_3(PO_4)_2$]。

2 鸡蛋蛋壳遇到醋中的酸会形成气泡，这些气泡是二氧化碳。

$$CaCO_3 + 2H^+ \rightarrow Ca^{2+} + CO_2 + H_2O$$

碳酸钙 ＋ 酸 → 钙离子 ＋ 二氧化碳 ＋ 水

3 蛋壳里面一层的构造是壳膜，壳膜有两层，主要是由角蛋白和少量碳水化合物黏多糖类所构成的半透膜。这是一层有许多孔洞的膜，气体和水分子能够进出，但蛋白质等大分子无法进出。它不会和醋中的酸起反应，因此会保存下来。

4 因为壳膜是一种半透膜，可以让水分子进出，而且壳膜具有一定的弹性，因此在醋中浸泡后，醋溶液中的水会扩散到壳膜内。此时壳膜外又已失去蛋壳的限制，因而整颗蛋会"长大"很多。

5　　指甲油是油性有机溶剂，不溶于水。指甲油在蛋壳表面干燥后，就对蛋壳形成了一层保护膜，使蛋壳不受醋酸的影响。

　　禽鸟类的蛋壳主要作用是给受精卵提供保护，比如避免碰撞损害、避免微生物污染、防止干燥、调节生长中的胚胎的气体和水分的交换等。如果一个人工环境可以提供上述的相同功能，那么受精的禽鸟类的蛋就不一定要在蛋壳内发育。也就是说，受精卵可以在没有蛋壳的保护下孵化出来。

　　2014年，日本千叶县立生滨高等学校的老师田原丰（Yutaka Tahara）就成功地利用人工环境孵化了8只小鸡。他在透明杯子内覆盖保鲜膜，将一颗受精的鸡蛋蛋壳打破，放入保鲜膜内，上面再覆盖一层保鲜膜。然后他将这个透明杯子移入38℃和相对湿度90%的恒温箱里。箱子内有氧气供应，并在实验过程中适时补充乳酸钙，以提供胚胎发育成完整个体所需的钙质。21天后，有57%的受精卵孵化出了健康的小鸡。

知

识

拓

展

膨糖

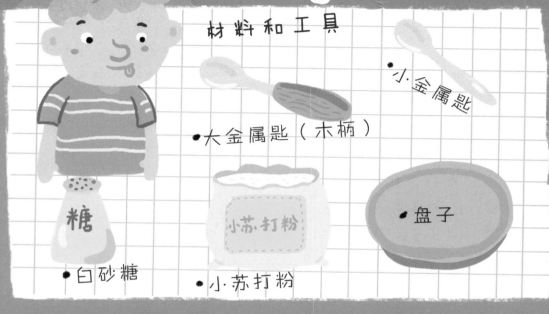

材料和工具

- 小金属匙
- 大金属匙（木柄）
- 盘子
- 白砂糖
- 小苏打粉

小贴士

★ 在一边加热，一边搅拌白砂糖的过程中，要尽量把白砂糖和糖液集中在大金属匙内。

★ 小苏打粉与糖液混合的过程不要太久，时间越短越好，约3秒钟就立即熄火。

1 请你用有木柄的大金属匙舀半匙白砂糖，妈妈点着煤气炉，用小火小心加热大金属匙。

2 请你用另一个小金属匙不断搅拌大匙内的白砂糖，直到白砂糖完全熔化为止。

3 请妈妈在已完全熔化的糖液中加入一小匙小苏打粉，你用小金属匙把小苏打粉搅拌混入糖液中。当小苏打粉均匀拌入糖液中的时候，妈妈立即将煤气炉关闭。有什么现象产生吗？

4 等大匙内的糖液完全冷却后，妈妈重新点着煤气炉，用最小火加热大金属匙，同时用小匙轻轻推动大匙内的糖液。如果可以推动，立即将大匙倒盖在盘子上，让大匙内的固态糖滑落，底部朝上。

1 白砂糖的主要成分为蔗糖，在加热过程中，除了有固态糖变为液态糖的物理变化之外，还有化学变化。你可以看到原先白色的糖慢慢转变为褐色的糖，即使冷却下来糖也没有变回白色，这表示它起了化学变化。

2 原先白色的蔗糖在加热过程中慢慢地形成焦糖。焦糖不是一种化学物质，而是一大类化学物质的统称，它可能含有数十种不同结构的化学物质。因此，随着加热时间的不同、加热温度的不同，我们会看到颜色深浅不一样的焦糖，它们的味道也不完全一样。

3 在液体糖中添加少量小苏打粉，因为此时糖液温度很高，会促使小苏打进行化学反应而分解，逐渐形成二氧化碳和水蒸气。

4 小苏打因高温而生成的二氧化碳和水蒸气会将糖液"吹胀"，只要糖液快速降温冷却下来，这个被吹胀的"泡泡"来不及破掉，就会定型了。这就是很久以前台湾的儿童美食膨糖。

1. 最常见的灭火器是干粉灭火器。干粉灭火器内白色粉末的主要成分是小苏打粉，只是它属于工业用等级，不可以拿来当食品添加剂。

2. 火灾发生时，许多人会拿干粉灭火器来喷洒。干粉灭火器内的小苏打粉被喷在可燃物上时，它的化学反应是：

小苏打 $\xrightarrow{\triangle}$ 水十二氧化碳 十苏打

$$2NaHCO_3 \xrightarrow{\triangle} H_2O + CO_2 + Na_2CO_3$$

3. 焦糖含碳（C）、氢（H）、氧（O）三种元素，分子量很大，是一种组成成分和组成比例不固定的复杂混合物。

青虾脸红了

材料和工具

- 新鲜青虾2只
- 95% 医用酒精
- 碗
- 筷子
- 杯子
- 小茶杯

小贴士

★ 将虾壳剪成两半最理想的做法是纵切，也就是剪成左半和右半，如此就没有因为头尾结构不同而可能产生的差异。

1 请妈妈准备一碗热水，然后你用筷子夹着一只新鲜的青虾放入热水中。你看见有什么变化吗？

2 拿另一只新鲜的青虾，请妈妈小心地把整只虾的虾壳剥下来，用自来水冲洗干净。你是否觉得虾壳很透明？刚刚整只虾在热水中会变色，是不是因为虾壳是透明的，而虾肉遇热水变色，经由虾壳呈现出来？

3 请妈妈再准备一碗热水，你用筷子夹着这只没有壳的青虾放入热水中。你发现了什么？

4 请你用剪刀将这只泡过热水、没有壳的虾剪成两半，虾肉中间变色了吗？

5 请你用剪刀将虾壳剪成两半，用筷子夹着一半虾壳放入热水中。虾壳变色了吗？

6 请妈妈用小茶杯，倒入约30毫升的95％医用酒精，然后用筷子夹着另一半虾壳放入酒精中。虾壳变色了吗？

1 螃蟹和虾这类动物的壳上除了有一般人熟悉的甲壳素外，还有一种被称为甲壳菁的与甲壳结合的蛋白质。另有一种天然色素和甲壳菁结合在一起，称为虾红素（又称为虾青素）。

2 甲壳菁会吸收可见光中的黄色光（波长约580纳米）。不被吸收的可见光就被反射出来而呈蓝色。因为黄光和蓝光是互补色光。

3 螃蟹壳、虾壳上的甲壳菁受热会造成蛋白质性质转变，使蛋白质失去活性。失去蛋白活性的甲壳菁会将结合的天然色素虾红素（即虾青素）释放出来。这种游离出来的虾红素就会呈现它在可见光下的本来颜色——红色。

4 因为甲壳菁是蛋白质，除了会因为受热而导致蛋白质变性之外，酒精也会导致蛋白质变性。因此，我们把虾壳用酒精浸泡，甲壳菁也会失去活性而释放出与其结合的虾红素，使虾壳变成红色。

5 虾肉表面残留有一些甲壳菁和虾红素，因此去壳的虾遇热水，虾肉表面也会轻微变红。但虾肉内部不含甲壳菁和虾红素，因此虾肉的横切面仅呈现一般蛋白质遇热变性的白色。

知 识 拓 展

❶ 已知的类胡萝卜素约有700种，可分成两大类。

（1）胡萝卜素：分子式为 $C_{40}H_x$ 的橙色光合色素，分子中不含氧原子。由植物合成，动物无法合成。

（2）叶黄素类：分子式为 $C_{40}H_{56}O_2$ 或 $C_{40}H_{52}O_4$ 的黄色光合色素，分子中含有氧原子。其中最出名的成员是叶黄素，分子式为 $C_{40}H_{56}O_2$。

❷ 虾红素，又称为虾青素，是类胡萝卜素的一种，属于脂溶性色素。虾红素和叶黄素类被归为同一类，但中文大多翻译为虾青素。

❸ 活着的螃蟹和虾等甲壳类动物因种类的不同、生存环境的差异，甲壳菁与虾红素的含量也会有所差异，从而呈现出蓝色、墨绿色、蓝紫色等不同的体色。但只要蛋白质一受热变性，它们就会全部呈现出橘红色的虾红素原色。

红豆汤的秘密

材料和工具

红豆1000克

绿豆250克

铝箔纸

苏打粉

炒锅

塑料袋

锅

大汤匙

小贴士

⭐ A3组红豆要用铝箔纸盖紧，不要用锅盖。因为锅盖和红豆之间有大量空间，效果较差。

⭐ 糖一定要在红豆、绿豆熟烂后再添加，不然很难煮熟。

① 请你取1000克红豆泡水2小时，再取绿豆250克，用另一个容器泡水2小时。

② 2小时后，请你分别将红豆、绿豆洗干净，将红豆平分成四等份，用四个容器盛装，分别为A1、A2、A3、A4组，绿豆单独为B组。

A1
A2
B
A3
A4

③ 将A1组红豆的水沥干，用塑料袋装起来，放入冰箱冷冻室，冷冻2小时。

④ 将A2组红豆和B组绿豆同时用两个相同的锅加水煮沸。一边煮，一边用大汤匙搅拌。30分钟后，请你分别试吃红豆和绿豆。你感觉有什么不同吗？

⑤ 将A3组红豆倒入炒锅，加一汤匙水，炒5分钟。当有大量蒸汽上升时熄火，妈妈立即用一张铝箔纸紧紧覆盖在红豆上面。

⑥ 20分钟后，打开A3组红豆的铝箔纸，再加一汤匙水，在煤气炉上再炒5分钟。当有大量蒸汽上升时熄火，用同一张铝箔纸再覆盖20分钟。

⑦ 20分钟后，将A3组红豆从炒锅中移到一般的锅中，加水煮沸。水沸腾后，用小火熬煮20分钟，一边煮，一边用大汤匙搅拌。熄火冷却后，请你舀一小勺A3组红豆试吃。你感觉如何？

8 将A4组红豆放入锅中，加水和一汤匙食用苏打粉，混合溶解后，在煤气炉上加热，一边加热一边搅拌。水沸腾20分钟后，熄火冷却。请你舀一小勺A4组红豆试吃，感觉如何？

9 A1组红豆在冷冻室冷冻2小时后取出，倒入锅中，加水煮沸。水沸腾20分钟后，熄火冷却。请你舀一小勺A1组红豆试吃，感觉如何呢？

10 实验结束后，将A2组红豆加一小匙苏打粉，煮沸10分钟后，混入A1、A3和A4组红豆一起再炖煮10分钟，加入适量的糖调味，就可以和家人分享"食"验结果了。

科 学 解 密

1 绿豆和红豆都属于豆科豇豆属植物，但在烹煮过程中却有极大的差异：绿豆经过泡水、清洗、烹煮，很快便可以做成可口的绿豆汤，可是红豆却非常不容易煮熟。这是因为这两种植物的种子在构造上存在着显著的差异。

2 植物细胞的最外围是细胞壁，两个相邻植物细胞的细胞壁之间存在果胶，以黏合两个相邻的植物细胞。绿豆和红豆种子除了显而易见的种皮颜色不同之外，它们的细胞壁厚度和果胶层厚度也有所不同。红豆的细胞壁和果胶层都比较厚，因此红豆在一般的烹煮过程中难以软化。

3 　要将红豆煮到软化，第一个方法是延长加热时间，第二个方法是提高加热温度，但这两种方法比较费时费力。

4 　我们也可以利用水的物理性质：同质量的水，固态水（即冰）的体积比液态水的体积大大约9%，来软化红豆。只要将红豆先泡水，让红豆种子细胞先吸饱水，然后将红豆冷冻起来，种子细胞内的水结冰后会撑破细胞壁。解冻后再烹煮就容易让红豆软化了。

5 　水的另一项物理性质——汽化也可以用来软化红豆。A3组红豆仅有非常少量的水，在炒菜锅中翻炒，水会很快汽化变成水蒸气，水蒸气的体积远大于同质量的液态水。细胞内和细胞壁上的水被加热汽化，水蒸气可以不断地穿越细胞壁，当然也会不断地破坏细胞壁。因此，A3组红豆也可以快速软化。

6 　我们还可以根据植物细胞壁的黏合物质果胶的化学性质来寻找软化红豆的方法。果胶是富含半乳糖醛酸的多糖类物质，在A4组红豆中添加少量食用苏打粉，也可轻易地让红豆软化。

初生细胞壁(薄)

细胞膜

次生细胞壁(厚)

中胶层
(含果胶成分)

初生
细胞
壁(薄)

次生
细胞壁(厚)

细胞膜

1 植物的初生细胞壁存在于所有活的植物细胞之中，通常较薄，约1~3微米。主要成分为纤维素、半纤维素和少量结构蛋白。植物的次生细胞壁是部分植物细胞在停止生长后，在初生细胞壁和细胞膜之间继续累积生成的细胞壁层，主要成分为纤维素和木质素，通常较厚，约5~10微米。中胶层的主要成分就是果胶，用以黏合两个相邻的植物细胞。

2 绿豆和红豆在烹煮过程中会慢慢形成豆沙，这是因为种子子叶细胞间的果胶受热或因化学物质溶解、细胞壁受物理因素影响而崩坏，释放出细胞内的淀粉粒。淀粉粒遇热会破裂糊化。细胞外的蛋白质会因受热而"变性"，它包覆了受热糊化的淀粉，因而形成了豆沙。

3 绿豆和红豆在烹煮过程中如果先加了糖，会导致子叶细胞膨压下降，即细胞会变得不易吸水，甚至造成细胞脱水，这样细胞就不容易向外膨胀以破坏细胞壁。即使烹煮很久，豆子依然是硬硬的，难以软化。

蛋黄膏 — 溏心蛋

材料和工具

盘子

2个金属锅

鸡蛋

漏勺

冰块

手表

大汤勺

水果刀

Ⅰ 　请妈妈在锅中放入清水（此时不用放入鸡蛋），水的深度要没过鸡蛋。盖上锅盖，用大火煮至沸腾。水沸腾后，大火继续加热。

2 请妈妈用另一个锅装半锅清水备用。

3 请你用大汤匙不断地在沸水中朝同一个方向搅拌，制造出漩涡。在漩涡中小心地用漏勺放入鸡蛋，并不断制造漩涡，让蛋在沸水漩涡中滚动。

小贴士

★ 锅中清水不可太少，至少要能没过鸡蛋，才能制造出水流漩涡的效果。

★ 水沸腾后再在漩涡中心放入鸡蛋，这样实验才会成功。

★ 冷却用的水如果加些冰块来冰镇，效果会更好。

4 请妈妈从鸡蛋放入沸水中开始
   计时，4分钟后，请你用大漏勺
   将蛋从沸水中捞出，立即放入
   冷水或冰水中冰镇3分钟。

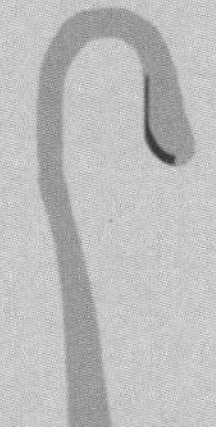

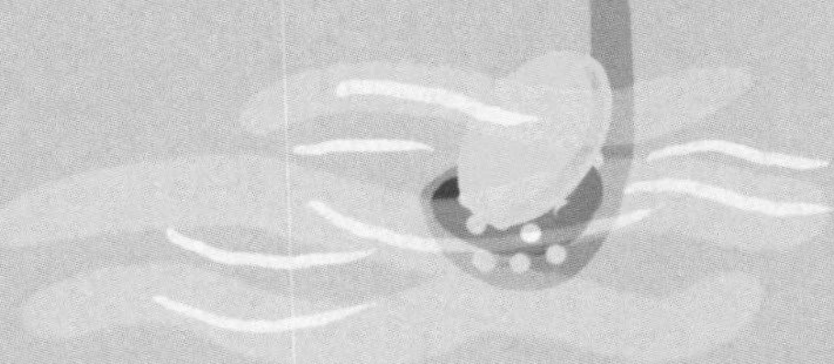

5 将冰镇过的蛋小心剥壳。将去壳的鸡蛋放
   在盘中，用水果刀小心地对切。你是否发
   现蛋白和蛋黄的凝固状况不一样？

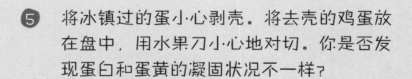

1 一般白煮蛋的蛋白和蛋黄都会凝固，因为蛋白质受热会"变性"（性质转变）。

2 蛋白中水分约占90%，其他10%为蛋白质。蛋白中的蛋白质分子本来各自独立，受热后相互联结成一个立体网状的凝胶，将水分子"锁"在凝胶之中。

3 蛋黄中水分约占50%，脂质约占33%。另外，蛋黄中也包含了少量蛋白质，约占16%。因此蛋黄受热后，蛋黄中的蛋白质也会"变性"凝固。

4 蛋白中的蛋白质组成成分和蛋黄中的蛋白质组成成分不同，因此，蛋白和蛋黄开始凝固的温度也不一样。

5 蛋白中的蛋白质含量最多的是卵白蛋白，约占54%。其次是转铁蛋白，约占12%，另外蛋白中还含有近40种其他蛋白质，它们的凝固点都不相同。转铁蛋白的凝固点为60℃，而卵白蛋白的凝固点为80℃。因此，鸡蛋在加热过程中，蛋白是渐渐凝固的。

6 蛋黄中的蛋白质最主要的两种都是磷脂蛋白，一种称为卵黄磷蛋白，占70%；另一种称为卵黄高磷蛋白，占16%。这两种蛋白质的凝固点也有所不同。蛋黄是在65℃开始凝固，在70℃完全凝固。

7 刚放进沸水中的生鸡蛋温度低于沸水，热量会从高温处传导至低温处，也就是说，热量会从沸水传导给鸡蛋。其路径是由外面的沸水，经由蛋壳，再经过蛋白，最后到达位于蛋中心的蛋黄。因此，一般而言蛋白会先受热凝固，蛋黄的凝固则需要更长的时间。

8 只要鸡蛋受热的时间不是太长，而且适时中止热量继续向内传递，就可以制造出蛋白已凝固，而蛋黄尚未凝固的效果。

9 生鸡蛋的蛋黄有两条系带连到壳膜，系住蛋黄的两端，使蛋黄在孵化成小鸡的过程中不会随意碰撞。但生鸡蛋在受热，蛋白渐渐凝固的过程中，蛋白分子中的水分子会被锁在立体网状结构中，大型的整颗蛋黄则被排挤出来。因此，在一般的沸水中煮白煮蛋，蛋黄会偏向边缘而靠近蛋壳。

10 　鸡蛋在沸水中加热的过程中，不断在沸水中搅拌出漩涡，不仅可以让蛋受热均匀，更重要的是让蛋在漩涡中滚动，利用离心力让蛋黄尽量维持在蛋的中央。如此一来，就可以制造出蛋黄在中心的溏心蛋了。

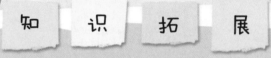

知 识 拓 展

① 鸡蛋蛋白中含90%的水，10%的蛋白质。蛋白中约有40种蛋白质。

② 鸡蛋蛋黄的组成成分：

（1）水分，占50%。

（2）脂质，占33%，包括三酸甘油酯、磷脂质、胆固醇等。

（3）蛋白质，占16%，有数种磷脂蛋白。

③ 类胡萝卜素可分为两大类：胡萝素和叶黄素类。蛋黄的颜色主要来自于叶黄素，它的化学式为 $C_{40}H_{56}O_2$。叶黄素是一种亲油性的物质，通常不溶于水。

不含蛋黄的美乃滋

材料和工具

- 色拉油100克
- 糖少许（约10克）
- 汤匙
- 打蛋器
- 柠檬汁或白醋
- 鸡蛋一颗
- 盐少许（约10克）

糖

盐

小贴士

★ 打蛋器以高速运转打蛋，直到蛋白被打发呈泡沫状，再添加色拉油。

★ 色拉油每次只添加少量，一次添加太多会让反应不均匀。

1. 请妈妈将一颗鸡蛋的蛋黄和蛋白分离开来，将蛋白放入金属锅中，加入一匙白糖和一匙盐。

2. 请你用打蛋器将锅中的蛋白、糖、盐打均匀，直到锅内物体呈白色黏稠的泡沫状。

3. 请妈妈帮忙在锅内添加色拉油，你用打蛋器将色拉油打入锅内的泡沫中。

4. 100克色拉油全部混入泡沫中之后，再加入一匙柠檬汁或白醋，用打蛋器混合均匀。

科 学 解 密

1. 传统的美乃滋是以蛋黄和色拉油为主要成分制成的，另外添加糖、盐、醋或柠檬汁调味。醋和柠檬汁是水溶性物质，不溶于色拉油。蛋黄的功能相当于乳化剂，即界面活性剂。蛋黄中的卵磷脂的分子结构一端是有极性的，可以和水结合，称为亲水端；另一端是无极性的，可以和油结合，称为亲油端。在蛋黄中加入色拉油，被打散的色拉油小油滴的表面就都包裹上了卵磷脂。而卵磷脂分子都是亲油端朝内接触小油滴，亲水端朝外，因此在蛋黄－油滴混合液中添加水溶性的白醋或柠檬汁，它们依然可以均匀混合。

2 其实蛋白也具有界面活性剂功能。蛋白质是由氨基酸排列聚合而成的大分子。构成天然蛋白质的20种常见氨基酸，根据其分子结构，可概分为10种非极性氨基酸（如丙氨酸和甘氨酸等）和10种极性氨基酸。极性氨基酸容易和同样具极性的水分子相互吸引而互溶。

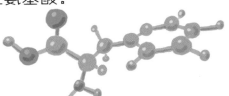

3 不同种类的氨基酸可组合成不同外形的蛋白质。不同的蛋白质分子具有不同的立体结构，其裸露在外侧的氨基酸的性质，决定了蛋白质是否可溶于水。鸡蛋的卵白蛋白就是由大量极性氨基酸和非极性氨基酸构成的。用打蛋器将蛋白打成泡沫状，目的就是将空气打入蛋白，让卵白蛋白包裹住小气泡。这样卵白蛋白的非极性端就朝向内侧，接触空气分子；极性端就朝向外侧，接触蛋白中的水分子。

4 鸡蛋的卵白蛋白同时具有极性和非极性，所以它也可以担任界面活性剂的角色。用蛋白取代蛋黄，在打成泡沫状的蛋白中缓缓加入色拉油，色拉油被打成小油滴，小油滴外层裹上蛋白，就可以制作出口味独特的无蛋黄美乃滋了。

常见的20种氨基酸

极性	酸碱性	20 种常见氨基酸		
		氨基酸	中文名称	缩写
非极性氨基酸	中性	Alanine	丙氨酸	Ala
		Cysteine	半胱氨酸	Cys
		Glycine	甘氨酸	Gly
		Isoleucine	异亮氨酸	Ile
		Leucine	亮氨酸	Leu
		Methionine	甲硫氨酸	Met
		Phenylalanine	苯丙氨酸	Phe
		Proline	脯氨酸	Pro
		Tryptophan	色氨酸	Trp
		Valine	缬氨酸	Val
极性氨基酸	中性	Asparagine	天门冬酰氨	Asn
		Glutamine	谷氨酰氨	Gln
		Serine	丝氨酸	Ser
		Threonine	苏氨酸	Thr
		Tyrosine	酪氨酸	Tyr
	酸性	Aspartic acid	天冬氨酸	Asp
		Glutamic acid	谷氨酸	Glu
	碱性	Arginine	精氨酸	Arg
		Histidine	组氨酸	His
		Lysine	离氨酸	Lys

叶脉书签

材料和工具

桂花叶

锅

苏打粉

脸盆

旧牙刷

筷子

苏打粉（或小苏打粉）

小贴士

★ 桂花叶的叶脉较扎实，叶肉较薄，用来制作书签较易成功。

★ 苏打粉的效果优于小苏打粉。

★ 叶脉容易从主脉向左右分裂，因此用牙刷刷洗叶脉时可以用拇指和食指按住叶脉的上下部分，避免叶脉不慎分离。

1 请你摘取20片桂花叶子，放入锅中，加水没过叶子。

2 请妈妈在锅内加入一汤匙苏打（或小·苏打）粉，在煤气炉上煮至沸腾后开始计时，边煮边用筷子搅拌翻动，20分钟后熄火。

3 准备一个脸盆，装半盆自来水。请妈妈用筷子将锅内的桂花叶夹至脸盆内。

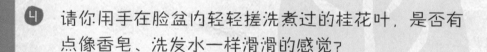

4 请你用手在脸盆内轻轻搓洗煮过的桂花叶，是否有点像香皂、洗发水一样滑滑的感觉？

5 请你拿起一片煮过的桂花叶，在流理台上用一把旧牙刷轻轻刷洗这片叶子，刷去叶肉，留下叶脉。

科 学 解 密

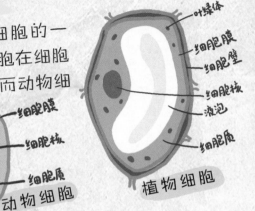

叶绿体
细胞膜
细胞壁
细胞核
液泡
细胞质

植物细胞

细胞膜
细胞核
细胞质

动物细胞

1 植物细胞和动物细胞的一个主要差异在于植物细胞在细胞膜外有细胞壁包覆着，而动物细胞则没有。

2 一株植物的根、茎、叶、花、果实、种子等不同器官的构成细胞中都有细胞壁。但同一株植物不同部位的细胞的细胞壁厚薄不一，有的很厚，有的很薄。

3 叶子的叶脉和叶肉细胞的细胞壁的厚度也不一样。叶脉除了负责输送水分、养分外，还负责支撑叶身，因此构成叶脉的细胞的细胞壁要比叶肉细胞的细胞壁厚实。

4 所有植物的细胞和邻近的另一个细胞之间都是通过果胶把细胞壁黏起来的，这就好比传统建筑工法中，不是只靠砖头堆建出一幢房子，砖头和砖头之间要靠水泥来黏合，房子才会稳固。

5 构成果胶的化学分子中富含半乳糖醛酸。半乳糖醛酸在碱的作用下会被中和掉，邻近的果胶分子会彼此排斥，整个细胞壁因而崩解。

6 苏打（或小苏打）溶液摸起来有滑腻感，这是许多碱性物质的共同特性。

7 叶子在苏打（或小苏打）溶液中熬煮，叶肉细胞的细胞壁较薄，很快就软化崩解，用牙刷可以轻易刷掉，细胞壁较厚的叶脉部分则保留了下来。

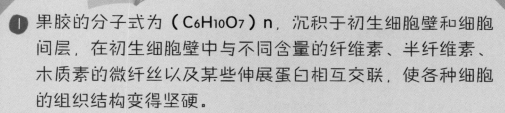

知 识 拓 展

1 果胶的分子式为（$C_6H_{10}O_7$）n，沉积于初生细胞壁和细胞间层，在初生细胞壁中与不同含量的纤维素、半纤维素、木质素的微纤丝以及某些伸展蛋白相互交联，使各种细胞的组织结构变得坚硬。

2 果实在成熟的过程中，果胶会被果胶酶和果胶酯酶分解，果实因此被软化。

3 柑橘类水果中含有大量的果胶，因此果胶生产的主要原材料就是干燥的柑橘皮。有些国家和地区因盛产苹果，会利用生产苹果果汁的副产品苹果果渣来制造果胶。果胶成品为白色到浅棕色的粉末，具有凝胶、增稠及乳化等作用，是一种天然的食物添加剂，可用于制造果酱、果冻、酸奶等。

图书在版编目 (CIP) 数据

和妈妈玩科学 / 华顺发著 .—上海：少年儿童出版社，2021.5
ISBN 978-7-5589-0837-8

Ⅰ . ①和… Ⅱ . ①华… Ⅲ . ①科学实验—少儿读物 Ⅳ .
① N33-49
中国版本图书馆 CIP 数据核字（2021）第 060431 号

和妈妈玩科学

华顺发 著

姚恒慧 图

苏 海 封面图

责任编辑 王浩浩 沈 岩　 美术编辑 陈艳萍
责任校对 沈丽蓉　　　　　 技术编辑 谢立凡

出版发行 少年儿童出版社
地址 上海延安西路 1538 号　 邮编 200052
易文网 www.ewen.co 少儿网 www.jcph.com
电子邮件 postmaster@jcph.com

印刷 上海丽佳制版印刷有限公司
开本 720×980 1/16 印张 6.5
2021 年 5 月第 1 版第 1 次印刷
ISBN 978-7-5589-0837-8 / N・1158
定价 32.00 元